Sevgi Polat
Ayşe Eren Pütün
Ersan Pütün

# Avaliação dos resíduos da indústria do vinho de uva como biossorvente de baixo custo

Sevgi Polat
Ayşe Eren Pütün
Ersan Pütün

# Avaliação dos resíduos da indústria do vinho de uva como biossorvente de baixo custo

## Estudo de isotermas, cinética e termodinâmica

ScienciaScripts

**Imprint**


Cover image: www.ingimage.com

This book is a translation from the original published under ISBN 978-3-659-85715-7.

Publisher:
Sciencia Scripts
is a trademark of
Dodo Books Indian Ocean Ltd. and OmniScriptum S.R.L publishing group

120 High Road, East Finchley, London, N2 9ED, United Kingdom
Str. Armeneasca 28/1, office 1, Chisinau MD-2012, Republic of Moldova, Europe
Printed at: see last page
**ISBN: 978-620-8-29490-8**

# ÍNDICE

# CAPÍTULO 1

## INTRODUÇÃO

Os metais pesados, como o cobre, o cobalto, o manganês, o cádmio, o chumbo, o crómio, o zinco, etc., são descarregados de várias indústrias, como a galvanoplastia, o acabamento de metais, os têxteis, as baterias de armazenamento, a indústria mineira, a cerâmica e o vidro. Estes metais pesados representam uma ameaça para a saúde humana e outros seres vivos. O cobalto presente nas águas residuais industriais pode produzir uma série de efeitos indesejáveis nos seres humanos. A exposição aguda ao cobalto pode provocar náuseas, vómitos e sintomas neurotoxicológicos, como dores de cabeça e alterações dos reflexos, ao passo que a exposição crónica pode induzir a perda parcial ou total do olfato, problemas gastrointestinais e dilatação do coração, o que, por sua vez, levou a normas rigorosas para os efluentes no que respeita ao cobalto. O cobre é um metal muito utilizado na nossa vida quotidiana, mas, como qualquer outro metal pesado, é potencialmente tóxico para todos os organismos vivos (Han et al., 2006; Sun et al., 2008; Suhasini et al., 1999). A toxicidade do cobre pode causar comichão e dermatite, queratinização das mãos e das solas dos pés (Huang et al., 2007). A presença de manganês na água será principalmente problemática para os sistemas de tratamento de água. As elevadas concentrações de manganês na água tornar-se-ão tóxicas tanto para o ambiente como para os organismos vivos, causando acumulação gastrointestinal, baixos níveis de hemoglobina e neurotoxicidade (Hasan et al., 2012). Por conseguinte, é necessário remover estes metais pesados das águas residuais antes de estas serem drenadas.

Os corantes são um importante grupo de produtos químicos. As principais indústrias que utilizam corantes para colorir os seus produtos são a alimentar, a do papel, a dos cosméticos, a dos plásticos e a dos têxteis. Eventualmente, os efluentes das águas residuais destas indústrias podem conter alguns resíduos de corantes e mesmo uma pequena quantidade de corantes na água produz resultados indesejáveis. O azul de metileno (MB), frequentemente utilizado nas indústrias têxteis, é um importante corante catiónico e considerado um poluente comum nas águas residuais têxteis (Abdallah e Taha, 2012; Belala et al., 2011; Han et al., 2007). A Rodamina-B (RhB) é um corante preparado sinteticamente que é um corante cancinogénico e amplamente utilizado nas indústrias do papel, impressão, tingimento de têxteis, couro e tintas (Das et al., 2008). Outro corante importante é o alaranjado de metilo (MO), também conhecido como corante ácido/aniónico, amplamente utilizado nas indústrias têxtil, de impressão, de papel, alimentar e farmacêutica (Haque et al., 2011). Estes corantes são nocivos para a fauna, a flora e alguns dos corantes e seus produtos têm uma influência mutagénica ou carcinogénica nos seres humanos. Mesmo em baixa concentração (1 ppm), os corantes podem ser altamente perceptíveis e causar poluição estética e perturbação do ecossistema e das fontes de água (Han et al., 2011). Por conseguinte, é importante remover os corantes das águas residuais antes da sua descarga.

No que diz respeito à remoção de iões metálicos e corantes de águas residuais, são atualmente utilizadas diferentes tecnologias e processos (Shen et al., 2009). Os métodos físico-químicos convencionais, tais como o tratamento eletroquímico, a permuta iónica, a precipitação, a osmose inversa, a evaporação e a oxidação/redução para a remoção de metais pesados de fluxos de resíduos são dispendiosos, não ecológicos e ineficientes para a remoção de metais e corantes de soluções diluídas (Montazer-Rahmati et al., 2011). Em comparação com estas técnicas, a biossorção surgiu como uma alternativa atractiva para combater a contaminação por metais pesados e corantes devido à sua boa seletividade, elevada eficiência, baixo custo, ampla aplicabilidade e forte capacidade de recuperação de iões de metais preciosos (Yin et al., 2008).

Recentemente, foram investigados diferentes tipos de espécies de biomassa relativamente às caraterísticas de biossorção de iões cobalto(II), cobre(II), manganês(II) e azul de metileno (MB), Rodamina-B (RhB) e alaranjado de metilo (MO) a partir de soluções aquosas. De acordo com estudos publicados, os resíduos de colheita e industriais e as espécies de biomassa não comestíveis são materiais desejados para avaliação como material biossorvente em vez de comestíveis.

A Turquia é um importante país agrícola e possui diferentes espécies de biomassa em quantidades abundantes. Entre elas, a capacidade de produção de uva da Turquia é de quase 8.250 $km^2$. A uva (Vitis vinifera) é uma das principais culturas frutícolas a nível mundial e a sua colheita é de cerca de 60 milhões de toneladas por ano. Cerca de 80% da colheita é utilizada para a produção de vinho. A indústria vinícola gera cerca de 5-9 milhões de toneladas de resíduos por ano, em todo o mundo (Chand et al., 2009). A Turquia é também um dos principais países produtores e exportadores de vinho. O resíduo de uva, gerado na produção de vinho após o processo de prensagem, é um material celulósico rico em compostos polifenólicos, que têm uma grande importância económica, e apresenta uma elevada afinidade para iões de metais pesados. Os resíduos de engaço de uva, gerados após a separação da uva do engaço, foram aplicados satisfatoriamente em aplicações de remoção de metais pesados de soluções aquosas por várias pesquisas, como cobre e níquel (Villaescusa et al., 2004), chumbo e cádmio (Martinez et al., 2006), crómio (Chand et al., 2009; Escudero et al., 2009), cobre (Florido et al., 2010), níquel (Valderrama et al., 2010), cobre, cádmio, níquel e chumbo (Escudero et al., 2013). A maioria destes estudos de biossorção foi efectuada num sistema de coluna de leito fixo e a remoção em modo descontínuo de poluentes tóxicos, tais como corantes, metais pesados, fenóis, etc., de uma solução aquosa utilizando resíduos de uva não foi suficientemente estudada.

Por conseguinte, neste estudo, foi estudada não só a remoção de iões cobalto(II), cobre(II) e manganês(II), mas também a remoção de MB, RhB e MO de soluções aquosas por resíduos de uva. Os efeitos do pH, da dosagem de biossorvente, da concentração inicial de iões metálicos e corantes, do tempo de contacto e da temperatura da solução foram investigados em modo descontínuo. Os modelos de isoterma de Langmuir, Freundlich e Temkin foram utilizados para descrever os dados de equilíbrio de sorção. Foram utilizados modelos cinéticos de pseudo-primeira ordem e pseudo-segunda ordem para determinar a cinética de sorção. Foram calculados parâmetros termodinâmicos para prever a natureza do processo de biossorção.

# CAPÍTULO 2

## MATERIAIS E MÉTODOS

### 2.1. Preparação do biossorvente

Resíduos de uva, gerados na produção de vinho após o processo de prensagem, fornecidos por um produtor de vinho da região do Egeu, Denizli, Turquia.

Os resíduos de uva foram primeiro lavados com água destilada para remover as impurezas. As amostras lavadas foram secas à temperatura ambiente até atingirem um peso constante, moídas num moinho de corte rotativode alta velocidade e peneiradas para uma granulometria de 0,224 mm.

### 2.2. Preparação de soluções de metais e corantes

Todos os produtos químicos utilizados nas experiências de biossorção em equilíbrio por lotes eram de grau de reagente analítico e foram utilizados sem purificação adicional.

As soluções-mãe de metais pesados foram preparadas dissolvendo quantidades adequadas de sais de $Cu(NO_3)_2 3H_2O$, $Co(NO_3)_2 6H_2O$ e $Mn(NO_3)_2 4H_2O$ em água destilada.

As soluções-mãe de corantes foram preparadas dissolvendo quantidades adequadas de corantes em água destilada, de modo a obter uma concentração de 1000 mg/L.

As propriedades de MB, RhB e MO são apresentadas no Quadro 1. Foram preparadas diferentes concentrações iniciais de iões metálicos e soluções de corantes diluindo a solução de reserva.

| Compound | Molecular Formula | Molecular Structure | Molecular Weight (g/mol) |
|---|---|---|---|
| Methylene Blue | $C_{16}H_{18}N_3SCl$ | 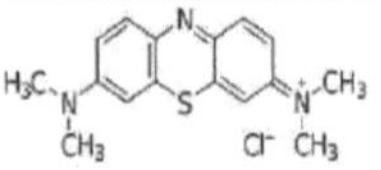 | 319.85 |
| Rhodamine-B | $C_{28}H_{31}ClN_2O_3$ | 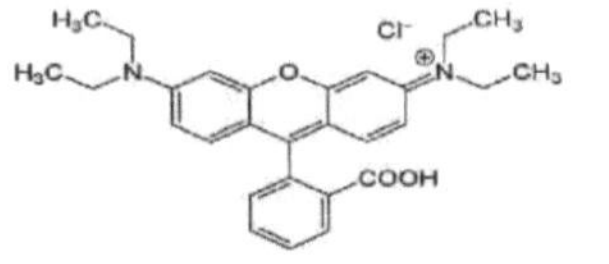 | 479.02 |
| Methyl Orange | $C_{14}H_{14}N_3NaO_3S$ | 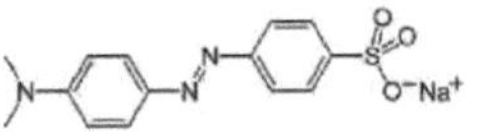 | 327.33 |

**Tabela 1.** Propriedades de MB, RhB e MO

## 2.3. Experiências de biossorção em lote

O pH inicial das soluções de cada metal e corante foi ajustado utilizando 0,1 mol/L e/ou 0,01 mol/L de soluções de NaOH e HCl. As experiências de biossorção de equilíbrio em lote foram realizadas utilizando 50 mL de cada solução de cobalto(II), cobre(II), manganês(II) e 200 mL de cada solução de MB, RhB e MO.Os efeitos dos parâmetros de biossorção no resíduo de uva, tais como o pH (3-9 para metais pesados e 19 para corantes), a dosagem de biossorvente (1-10 g/L), a concentração inicial de iões metálicos e corantes (100-400 mg/L), o tempo de contacto (0-240 min) e a temperatura da solução (20-50°C) foram estudados num modo de funcionamento em lote. Após o processo de biossorção, o biossorvente foi separado das amostras por filtragem e o filtrado foi analisado utilizando o espetrómetro de adsorção atómica Varian Spectra A250 Plus para os metais pesados e o espetrofotómetro UV- VIS a um comprimento de onda de 664, 551 e 460 nm para MB, RhB e MO, respetivamente. Os rendimentos médios de, pelo menos, duas experiências são apresentados com um erro de medição experimental inferior a ±0,5%.

A quantidade de cada metal biossorvido por unidade de massa do biossorvente no equilíbrio ($q_e$) e em cada intervalo de tempo ($q_t$) foi calculada utilizando as seguintes equações de balanço de massa,

$$q_e = \frac{(C_i - C_e)\,V}{W} \qquad (1)$$

$$q_t = \frac{(C_i - C_t)\,V}{W} \qquad (2)$$

e a percentagem de biossorção de cada ião metálico e de cada corante foi calculada da seguinte forma Biossorção (%) $= \frac{(C_i - C_e)}{C_i} \times 100$ (3)

em que $C_i$ é a concentração inicial do ião metálico e do corante (mg/L), $C_e$ é a concentração de equilíbrio do ião metálico e do corante na solução (mg/L), Ct é a concentração do ião metálico e do corante em qualquer momento (mg/L), V é o volume da solução (L) e W é a massa do biossorvente (g).

## 2.4. Caracterização do sorvente

A análise de infravermelhos com transformada de Fourier (FT-IR) foi efectuada para determinar os principais grupos funcionais antes e depois da sorção do metal e do corante no resíduo de uva. Os espectros FT-IR dos resíduos de uva e das amostras de resíduos de uva carregados com metais e corantes foram determinados no modo de transmissão entre 4000 e 400 $cm^{-1}$ utilizando um espetrómetro de infravermelhos com transformada de Fourier Bruker Tensor 27. Utilizou-se KBr seco para preparar pastilhas de amostras. Tipicamente, foram utilizados 10 mg de amostra a uma concentração de 1% em KBr. Foi utilizado um disco de KBr puro como fundo e, para cada amostra, foram registados vários espectros para obter a relação sinal/ruído mais elevada.

# CAPÍTULO 3

## RESULTADOS E DISCUSSÃO

### 3.1. Efeito do pH

Muitos autores consideraram o pH inicial das soluções de metais e corantes como o principal parâmetro que controla os processos de sorção, em particular a capacidade de sorção, o grau de ionização do ião metálico e do corante presentes na solução e a dissociação de grupos funcionais nos locais activos do biossorvente (Zhao et al., 201, Mezenner, 2010).

A sorção de iões metálicos é afetada pelo pH da solução, alterando assim a carga superficial do adsorvente e a especiação do metal (Aloma et al., 2012). O efeito do pH inicial na biossorção de cobalto(II), cobre(II) e manganês(II) foi determinado no intervalo de pH de 3-9 e os resultados são apresentados na Fig. 1.

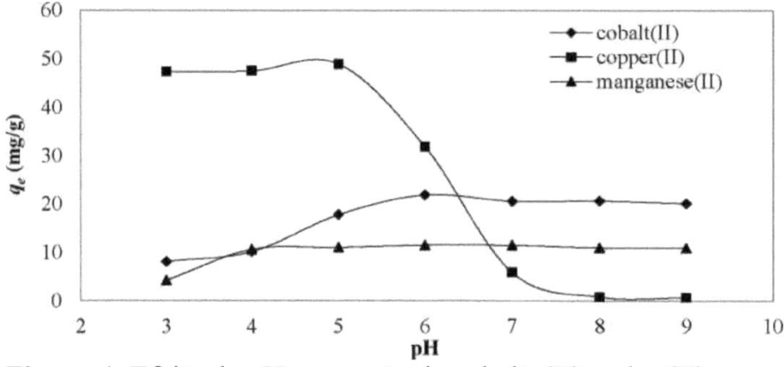


**Figura 1**. Efeito do pH na sorção de cobalto(II), cobre(II) e manganês(II) em resíduos de uva

A um pH mais baixo, a quantidade de absorção de cobalto(II) e manganês(II) foi pequena. A quantidade de absorção de metais pesados aumentou com o aumento do pH de 3 para 6 para os iões de cobalto(II) e de 3 para 5 para os iões de manganês(II). A absorção máxima de cobalto(II) e manganês(II) foi determinada a pH 6 para ambos os iões metálicos. Estas observações podem ser explicadas pelo facto de, a valores de pH mais baixos, a carga superficial da biomassa ser positiva, o que não é favorável à biossorção de catiões. Entretanto, os iões de hidrogénio competem fortemente com os iões metálicos nos locais activos, resultando numa menor biossorção. Com o aumento do pH, as repulsões electrostáticas entre os catiões e os locais de superfície e o efeito concorrente dos iões de hidrogénio diminuem. Consequentemente, a biossorção de metais aumenta (Ning-chuan, et al., 2009).

A absorção máxima de cobre (II) foi determinada a pH 5. A pH 3-4, a biossorção de cobre (II) em resíduos de uva foi inferior a pH 5. Foi sugerido que, a pH baixo, os iões $H3O^+$ estão próximos dos locais de ligação da biomassa, o que restringe a aproximação dos iões de cobre (II) devido à repulsão. Com o aumento do pH, espera-se que sejam expostos mais ligandos com cargas negativas, o que atrairá mais iões de cobre(II) com carga positiva para ligação. A biossorção de cobre (II) no resíduo de uva aumentou com o aumento do pH e atingiu uma quantidade máxima de absorção a 5,0, diminuindo depois com o aumento do pH até 9. O efeito do pH não foi estudado para além do pH 9 devido à precipitação do cobre (II) como hidróxido. Por conseguinte, foram efectuadas outras experiências com um valor de pH inicial de 5,0 (Subbaiah et al., 2011).

Neste estudo, o efeito do pH na biossorção de MB, RhB e MO foi determinado na gama de pH de 1-9 e os resultados são apresentados na Fig. 2.

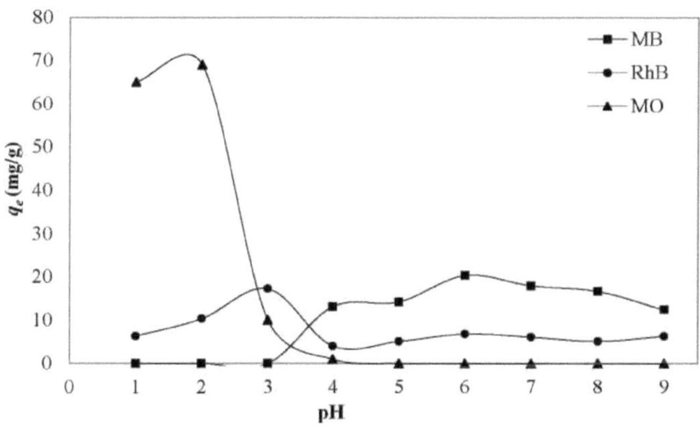


**Figura 2.** Efeito do pH na sorção de MB, RhB e MO em resíduos de uva

Pode ser visto na Fig. 2 que os valores óptimos de pH foram obtidos em diferentes valores. Várias razões podem ser atribuídas ao comportamento de biossorção de corantes do adsorvente em relação ao pH da solução. O valor ótimo de pH para o MB foi obtido a 6. A valores de pH baixos, a superfície do adsorvente seria rodeada por iões de hidrogénio, que competem com os iões de MB que ligam os sítios do adsorvente. A um pH elevado, a superfície do biossorvente pode ficar carregada negativamente, o que aumenta os catiões do corante carregados positivamente através de forças de atração electrostáticas (Han et al., 2007). A banda de absorção de RhB a 556 nm foi observada em meios ácidos; um aumento do pH da solução provocou uma diminuição da intensidade desta banda de absorção. Em valores de pH mais elevados, a forma catiónica é convertida na forma neutra e a sua absorvência a 556 nm diminui (Soylak et al., 2011). Por conseguinte, a capacidade máxima de sorção de RhB foi encontrada a pH 3. À semelhança do RhB, a capacidade máxima de sorção de MO foi obtida a pH 2. Como se mostra na Fig. 2, verificou-se uma diminuição acentuada da capacidade de sorção de MO com o aumento do pH de 2 para 3. Acima de pH 3, a capacidade de sorção de MO era muito baixa. Por conseguinte, foram efectuadas outras experiências de sorção a pH 6, 3 e 2 para MB, RhB e MO, respetivamente, onde foram obtidas as capacidades de sorção mais elevadas.

## 3.2. Efeito da dosagem de biossorvente

A dosagem do biossorvente é *um* fator significativo a considerar para a remoção eficaz de metais e corantes, uma vez que determina o equilíbrio sorvente-sorbato do sistema. A fim de investigar o efeito da dosagem do biossorvente, foi utilizada uma gama de 1-10 g/L para cada biossorção de metal. Os resultados são apresentados na Fig. 3 para o cobalto(II), o cobre(II)e o manganês(II).

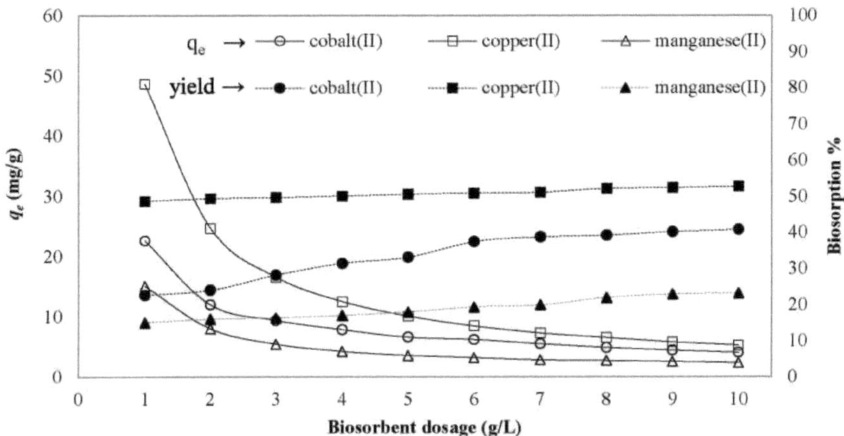


**Figura 3.** Efeito da dosagem de biossorvente na sorção de cobalto(II), cobre(II) e manganês(II) em resíduos de uva

A percentagem de biossorção aumentou com o aumento da dosagem de biossorvente e atingiu a saturação para cada metal. Isto deve-se ao aumento do número de locais de reação disponíveis para os iões metálicos (Manohar et al., 2006). Por outro lado, a quantidade de biossorção diminui com o aumento da dosagem de biossorvente. Este facto pode ser atribuído à sobreposição ou agregação dos locais de biossorção, resultando numa diminuição da área total da superfície do biossorvente. Além disso, pode dizer-se que uma massa fixa de biomassa só pode adsorver uma determinada quantidade de metal (Iftikhar et al., 2009). Por conseguinte, neste estudo, foram efectuadas mais experiências com uma dosagem de biossorvente de 2 g/L.

A fim de investigar o efeito da dosagem do biossorvente, foi utilizada uma gama de 1-10 g/L para a biossorção de MB, RhB e MO e os resultados são apresentados na Fig. 4.

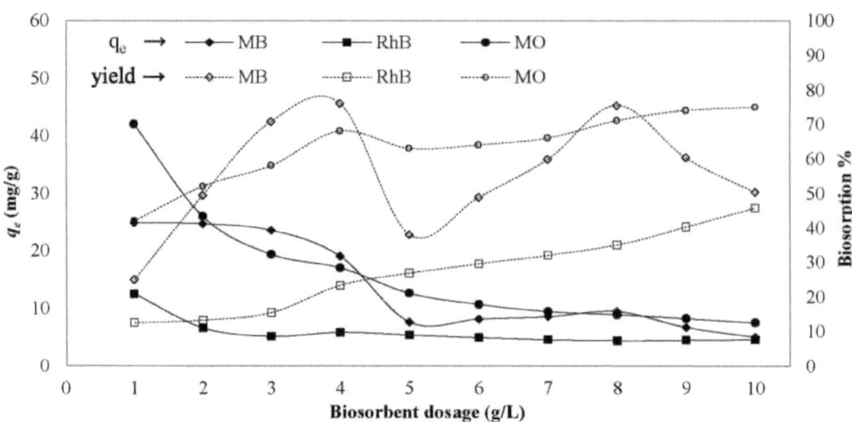


**Figura 4.** Efeito da dosagem de biossorvente na sorção de MB, RhB e MO em resíduos de uva

O aumento da dosagem de biossorvente resultou num aumento da eficiência de biossorção do MB. A eficiência de biossorção aumentou de 25,0% para 76,0% à medida que a dosagem de biossorvente aumentou de 1 para 4 g/L. Um aumento adicional na dosagem de biossorvente causou uma diminuição na eficiência de biossorção de 76,0% para 38%. Isto pode ser explicado pela formação de agregados durante a biossorção, que ocorre em concentrações elevadas de biossorvente, causando uma diminuição da área efectiva de biossorção. O aumento da percentagem de remoção do corante com a dose de biossorvente pode ser atribuído a um aumento das áreas de superfície do biossorvente, aumentando o número de sítios de biossorção disponíveis para biossorção (Aksakal et al., 2010). Os resultados da biossorção de RhB e MO mostraram que o rendimento da biossorção aumentou com o aumento da dosagem de biossorvente. No entanto, as quantidades de absorção diminuíram com o aumento da dosagem de biossorvente. Esta tendência é esperada porque, à medida que a dose de biossorvente aumenta, o número de partículas de biossorvente aumenta, o que resulta num aumento dos locais de biossorção activos e, assim, mais corantes podem ser ligados às suas superfícies (Gupta et al., 2012).

De acordo com os resultados obtidos, as dosagens óptimas de biossorvente foram determinadas como 3 g/L para o MB e 4 g/L para o RhB e o MO para outras experiências de sorção.

## 3.3. Efeito da concentração inicial de metal/corante e do tempo de contacto na biossorção dependente da temperatura

A biossorção de metais por qualquer biossorvente é altamente dependente da concentração inicial de iões metálicos (Iftikhar et al., 2009). A Fig. 5-7 mostra os efeitos da concentração inicial de metal, do tempo de contacto e da temperatura na biossorção de cobalto(II), cobre(II) e manganês(II) em resíduos de uva, respetivamente. As quantidades de absorção de todos os iões metálicos aumentaram com o aumento do tempo de contacto e da concentração inicial de iões metálicos. Uma grande quantidade de iões metálicos foi removida nos primeiros 60 minutos e o equilíbrio foi atingido em 180 minutos para o cobalto(II) e o manganês(II) e em 150 minutos para o cobre(II). Após o tempo de equilíbrio, foi adsorvida uma pequena quantidade de iões metálicos. Além disso, a mudança de temperatura alterou a capacidade de equilíbrio do biossorvente para um determinado sorbato. A quantidade absorvida diminuiu com o aumento da temperatura de 20 para 50° C, tanto para o cobalto (II) como para o cobre (II). A diminuição da absorção de iões de metais pesados com o aumento da temperatura pode ser atribuída ao aumento da energia cinética média dos iões de metal. As forças de atração entre os iões metálicos e os sítios de superfície dos resíduos de uva tornar-se-ão insuficientes para reter os iões metálicos no sítio de ligação dos resíduos de uva. Por conseguinte, o aumento da temperatura pode estar associado a uma diminuição da estabilidade da interação ião metálico-biosorvente (Olgun e Atar, 2011). No entanto, a quantidade de absorção do ião manganês (II) aumentou com o aumento da temperatura de 20 para 50° C, indicando uma biossorção endotérmica. A maior absorção a altas temperaturas deve-se ao aumento da difusão molecular ou pode ser atribuída à disponibilidade de mais sítios activos na superfície do resíduo de uva (Gundogdu et al., 2009).

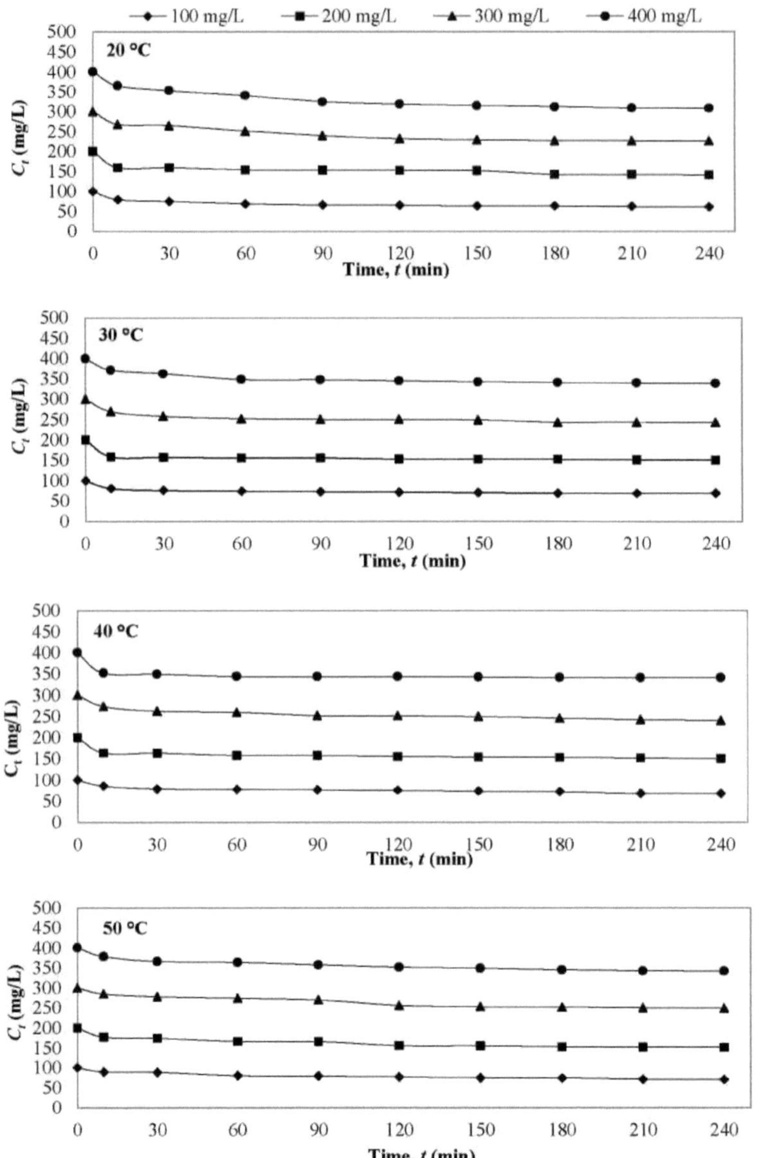


**Figura 5**. Efeito da concentração inicial de iões metálicos e do tempo na sorção de cobalto(II) em resíduos de uva a diferentes temperaturas

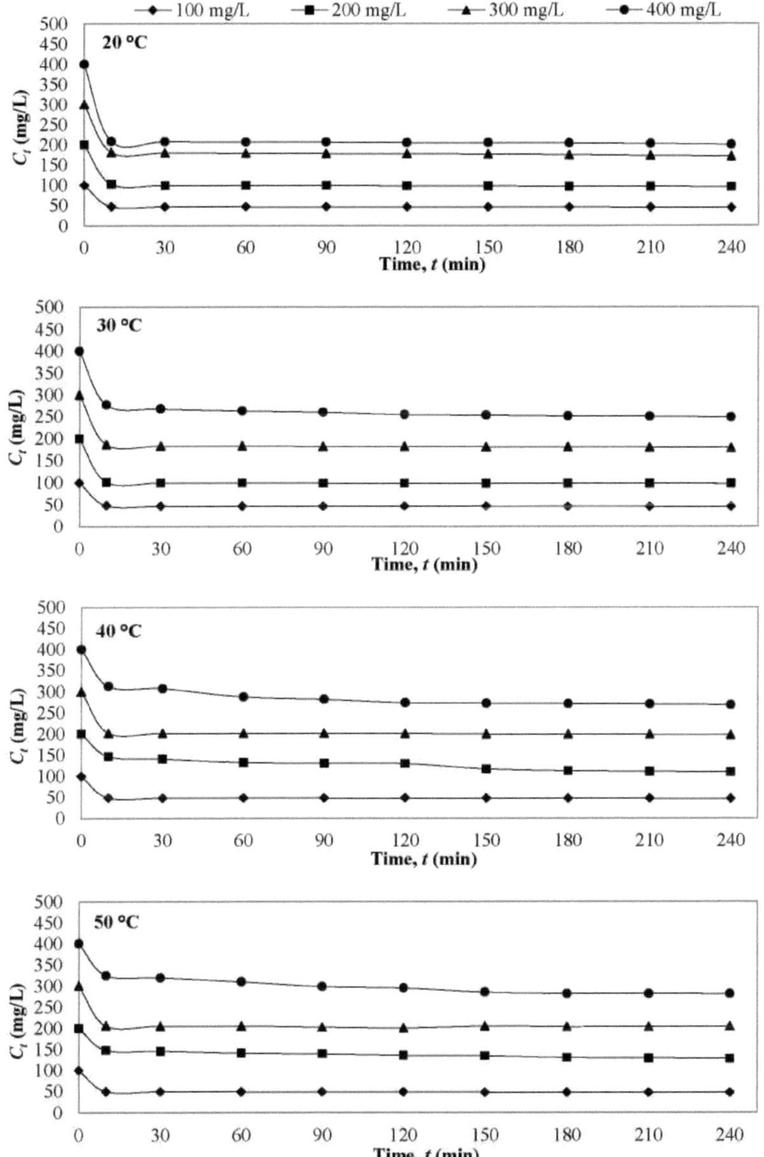


**Figura 6**. Efeito da concentração inicial de iões metálicos e do tempo na sorção de cobre(II) em resíduos de uva a diferentes temperaturas

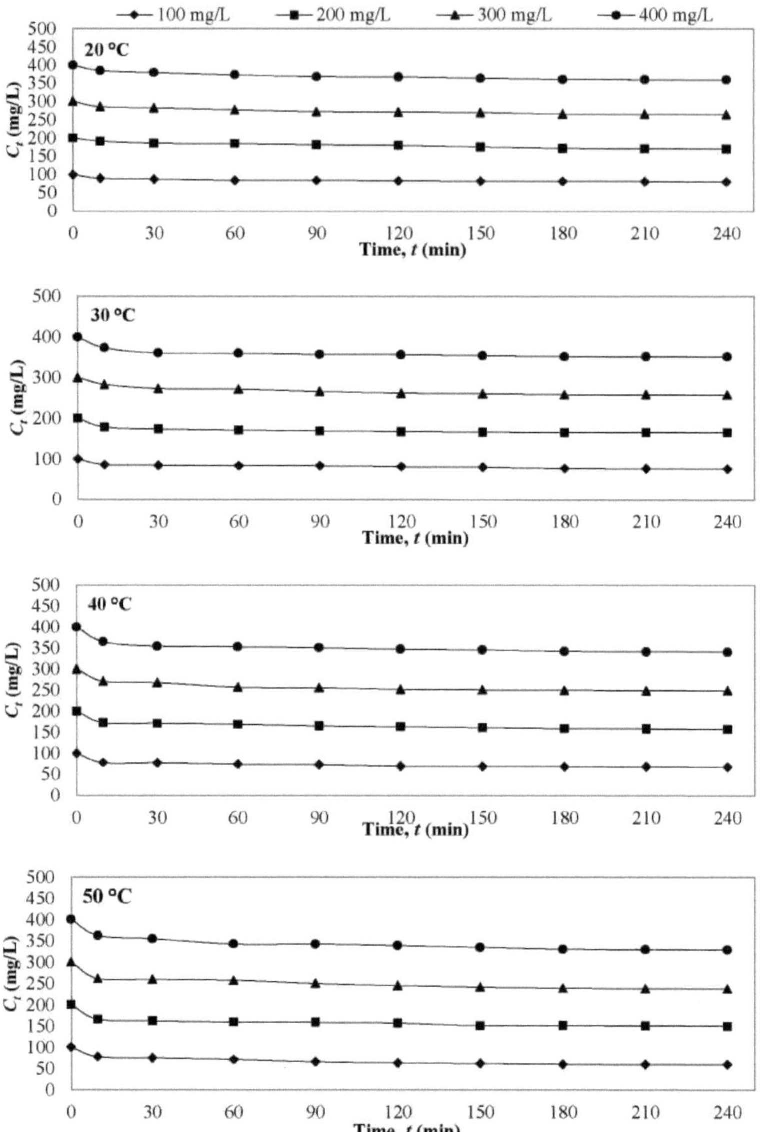


**Figura 7**. Efeito da concentração inicial de iões metálicos e do tempo na sorção de manganês(II) em resíduos de uva a diferentes temperaturas

As Fig. 8-10 mostram os efeitos da concentração inicial do corante, do tempo de contacto e da temperatura na biossorção de MB, RhB e MO no resíduo de uva, respetivamente. Grandes quantidades de cada corante foram removidas nos primeiros

60 minutos e o equilíbrio foi atingido em 180 minutos. Após 180 minutos, a capacidade de biossorção manteve-se quase constante. A quantidade absorvida de cada corante aumentou com o aumento da concentração do corante. O aumento da capacidade de absorção do biossorvente com o aumento da concentração do corante pode dever-se ao aumento da quantidade de sorbato (Mezenner, 2010). Além disso, a quantidade absorvida de cada corante aumentou com o aumento da temperatura, indicando uma biossorção endotérmica. Sabe-se que o aumento da temperatura aumenta a taxa de difusão das moléculas de sorbato através da camada limite externa e nos poros internos da partícula biossorvente, devido à diminuição da viscosidade da solução (Dogan et al., 2007).

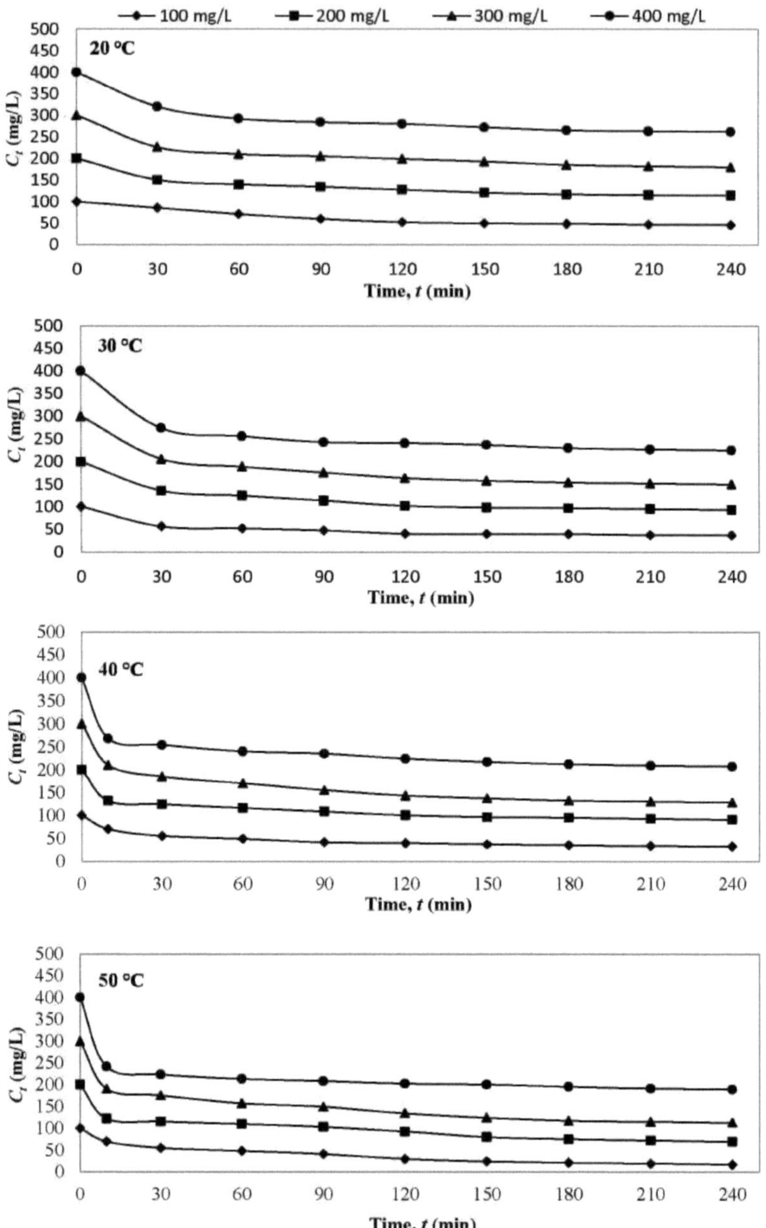


**Figura 8**. Efeito da concentração inicial de corante e do tempo na sorção de MB em resíduos de uva a diferentes temperaturas

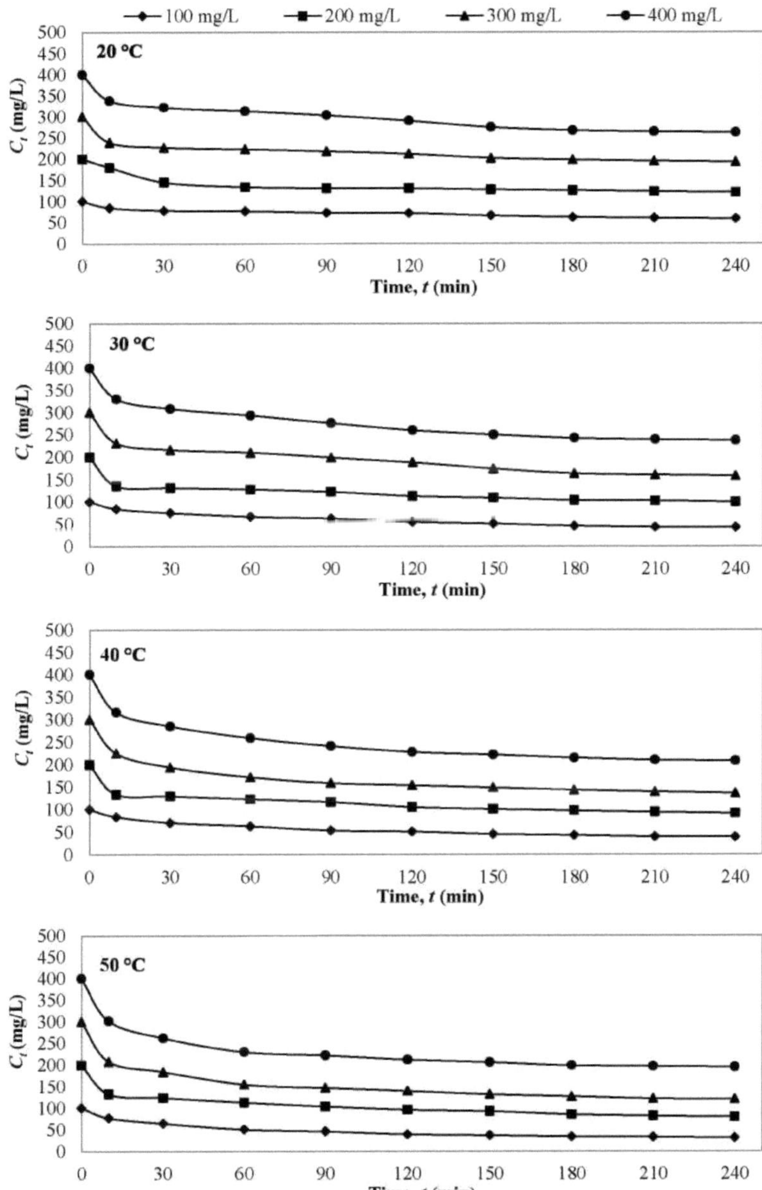


**Figura 9**. Efeito da concentração inicial de corante e do tempo na sorção de RhB no resíduo de uva a diferentes temperaturas

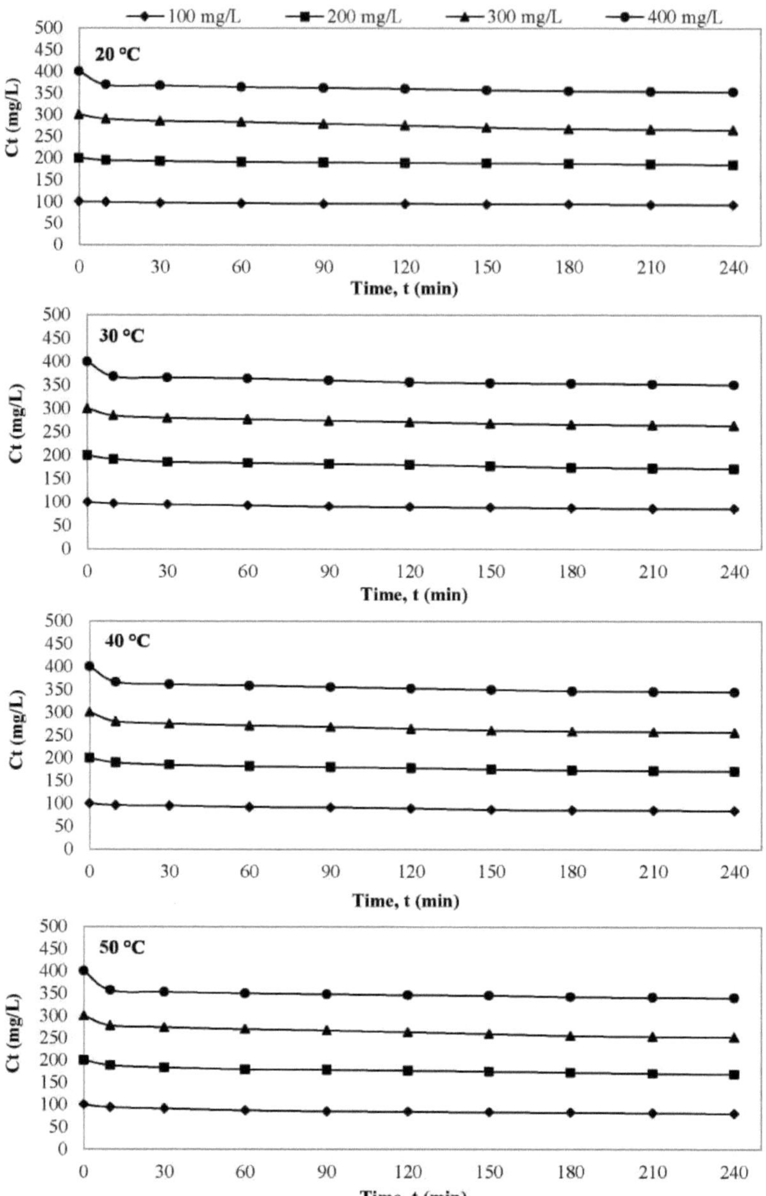


**Figura 10**. Efeito da concentração inicial de corante e do tempo na sorção de MO em resíduos de uva a diferentes temperaturas

## 3.4. Isotérmicas de biossorção

A biossorção é um processo de separação de equilíbrio bem conhecido para o tratamento de águas residuais (Kill? et al., 2011). A isoterma de adsorção indica como as moléculas de adsorção se distribuem entre a fase líquida e a fase sólida quando o processo de adsorção atinge um estado de equilíbrio. A análise dos dados da isotérmica, ajustando-os a diferentes modelos de isotérmica, é um passo importante para encontrar o modelo adequado que pode ser utilizado para fins de projeto (El-Guendi, 1991). Neste estudo, foram utilizados os modelos de isoterma de Langmuir, Freundlich e Temkin para investigar o equilíbrio de sorção entre as soluções de iões metálicos/corantes e a fase de resíduo de uva. Os dados de equilíbrio para a biossorção de iões de cobalto(II), cobre(II) manganês(II) e MB, RhB e MO foram ajustados aos modelos de isoterma por regressão não linear e a aplicabilidade dos modelos de isoterma foi comparada avaliando os coeficientes de correlação, valores $R^2$ .

A isoterma de Langmuir pressupõe a sorção de uma monocamada numa superfície que contém um número finito de locais de sorção de estratégias uniformes de sorção sem transmigração de sorbato no plano da superfície. A equação da isoterma de Langmuir (Langmuir, 1916, 1918; Tan et al., 2007) é dada como

$$q_e = \frac{q_m K_L C_e}{1 + K_L C_e} \quad (4)$$

em que qe (mg/g) é a quantidade adsorvida no equilíbrio, Ce é a concentração de equilíbrio do ião metálico e do corante (mg/L), KL é a constante de equilíbrio de Langmuir (L/mg) e qm é a capacidade máxima de adsorção (mg/g).

As caraterísticas essenciais da isoterma de Langmuir podem ser expressas em termos de um parâmetro de equilíbrio sem dimensão (RL) (Freundlich, 1906), que é definido por:

$$R_L = \frac{1}{1 + K_L C_0} \quad (5)$$

Em geral, RL classificado como RL> 1, RL= 1, 0 < RL< 1 e RL= 0 indica que o tipo de isoterma de biossorção é desfavorável, linear, favorável e irreversível, respetivamente.

A isotérmica de Freundlich é um modelo empírico que se baseia na sorção em superfície heterogénea e sítios activos com energias diferentes. A equação da isoterma de Freundlich (Freundlich, 1906; Ornek et al., 2007) é dada como

$$q_e = K_F C_e^{1/n} \quad (6)$$

*em que KF é a constante de Freundlich e n é o fator de heterogeneidade.*

*Temkin e Pyzhev consideraram os efeitos das interações indirectas sorvente/sorvato nas isotérmicas de sorção. Ignorando o valor extremamente baixo e grande das concentrações, o modelo assume que o calor de sorção (função da temperatura) de todos os pressupostos na camada diminuiria linearmente em vez de logaritmicamente com a cobertura (Foo e Hameed, 2010). A equação da isoterma de Temkin (Temkin e Phyzev, 1940) é dada como:*

$$q_e = B \ln(K_T C_e) \quad (7)$$

*em que B = RT/bT, KT é a constante de ligação de equilíbrio correspondente à energia de ligação máxima (L/mg) e bT (g kJ mg$^{-1}$ mol$^{-1}$ ) é a constante da isotérmica de Temkin relacionada com o calor de adsorção Esta isotérmica pressupõe que (i) o calor de adsorção de todas as moléculas na camada diminui linearmente com a cobertura devido às interações sorvente-sorvato, e que (ii) a biossorção é caracterizada por uma distribuição uniforme das energias de ligação, até uma energia de ligação máxima (Hameed e Rahman, 2008). A Tabela 2 apresenta as equações das isotérmicas de equilíbrio.*

**Tabela 2.** Modelos de isotérmicas e respectivas equações

| | Linearized Form | Parameters |
|---|---|---|
| Langmuir | $\frac{C_e}{q_e} = \frac{1}{q_m K_L} + \frac{C_e}{q_m}$ | $q_e$ (mg/g): the amounts of metal ion and dye adsorbed at equilibrium<br>$q_m$ (mg/g): maximum adsorption capacity<br>$C_e$ (mg/L): the equilibrium concentration<br>$K_L$ (L/mg): the Langmuir equilibrium constant |

| | | |
|---|---|---|
| Freundlich | $\ln q_e = \ln K_F + \frac{1}{n} \ln C_e$ | n : heterogeneity factor (dimensionless)<br>$K_F$ ((mg/g)(L/mg)$^{1/n}$): the Freundlich constant |
| Temkin | $q_e = B\ (ln\ K_T\ C_e)$<br>$B = \frac{RT}{b_T}$ | $b_T$ (g kJ mg$^{-1}$mol$^{-1}$): Temkin constant related to the heat of adsorption<br>$K_T$ (L/mg): Temkin constant related to the equilibrium binding energy |

A Fig. 11 mostra os ajustes não lineares dos dados de equilíbrio a 20 °C. Pode ver-se na Fig. 11 que os dados experimentais foram bem ajustados ao modelo de isoterma de Freundlich por procedimento não linear para os iões cobalto(II) e cobre(II) e ao modelo de isoterma de Langmuir para o ião manganês(II).

Os parâmetros das isotérmicas dos modelos de Langmuir, Freundlich e Temkin estão representados na Tabela 3. Como se pode ver na Tabela 3, o modelo de Langmuir define melhor o processo de biossorção do que os outros modelos de isotérmicas de equilíbrio para o ião manganês (II), comparando os
coeficiente de correlação, $R^2$ . Além disso, o quadro 3 mostra que a isotérmica de Freundlich apresenta a melhor correlação com valores elevados de $R^2$ para os iões cobalto(II) e cobre(II). Além disso, foram obtidos valores de RL para a sorção de cobalto(II), cobre(II) e manganês(II) no resíduo de uva de 0,642, 0,751 e 0,636, respetivamente. Os valores de RL entre 0 e 1 expressam uma biossorção adequada.

A capacidade máxima de adsorção em monocamada do resíduo de uva foi de 68,03 mg/g para o cobalto (II), 204,08 mg/g para o cobre (II) e 28,82 mg/g para o manganês (II). As capacidades de adsorção de Langmuir dos iões metálicos foram comparadas com outros estudos relatados na literatura e apresentadas no quadro 3.

Os dados experimentais do presente estudo são comparáveis com os de outros materiais biossorventes e foram superiores aos de alguns estudos registados.

**Tabela 3.** Constantes de isoterma da sorção de cobalto(II), cobre(II) e manganês(II) em resíduos de uva

| Isotherm model | Parameter | cobalt(II) | copper(II) | manganese(II) |
|---|---|---|---|---|
| **Langmuir** | $q_m$ (mg/g) | 68.03 | 204.08 | 28.82 |
| | $K_L$ (L/mg) | 0.0056 | 0.0033 | 0.0057 |
| | $R^2$ | 0.986 | 0.805 | 0.999 |
| | $R_L$ | 0.642 | 0.751 | 0.636 |
| **Freundlich** | $K_F$ ((mg/g)(L/mg)$^{1/n}$) | 1.9806 | 1.6356 | 1.0084 |
| | n | 1.8522 | 1.3514 | 1.9723 |
| | $R^2$ | 0.999 | 0.980 | 0.993 |
| **Temkin** | $K_T$ (L/mg) | 0.0491 | 0.0416 | 0.0463 |
| | B (kJ/mol) | 15.634 | 38.610 | 6.888 |
| | $R^2$ | 0.984 | 0.940 | 0.992 |

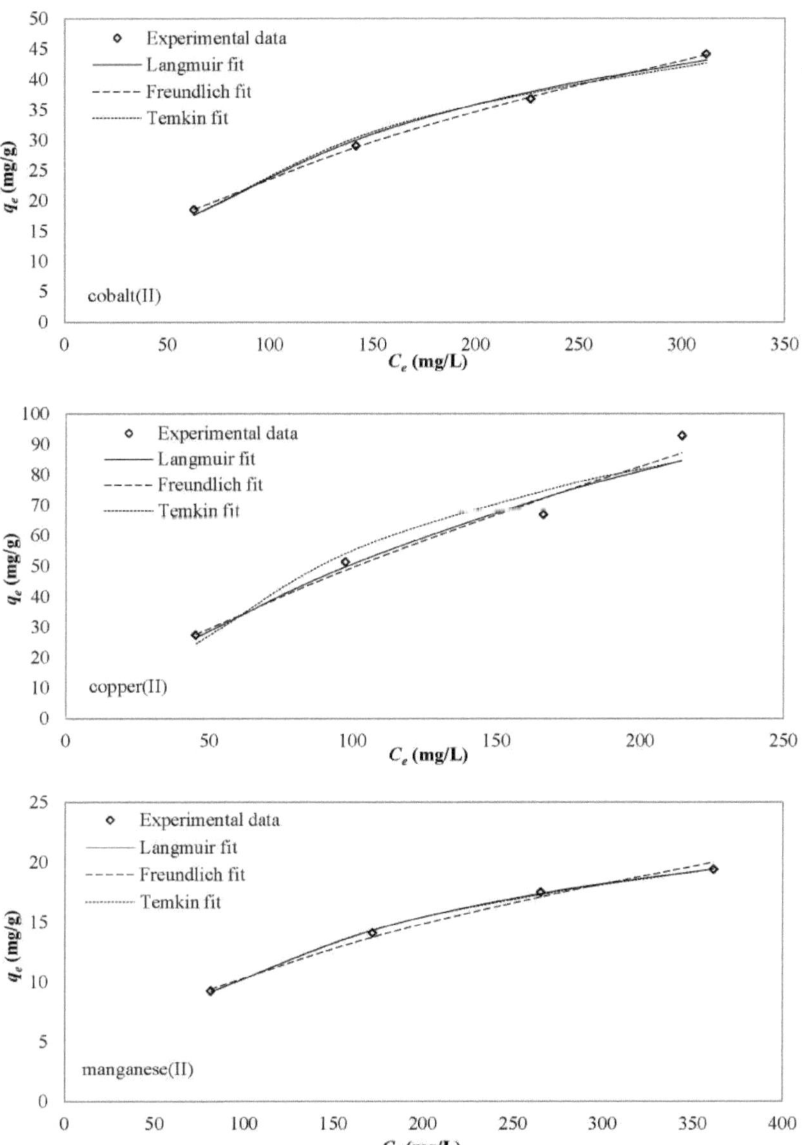


Figura 11. Ajuste dos modelos de isoterma de Langmuir, Freundlich e Temkin por procedimento não linear para a sorção de cobalto(II), cobre(II) e manganês(II) em resíduos de uva

**Tabela 4.** Comparação das capacidades de sorção de Langmuir com outros materiais de biomassa registados

| Sorbent type | Adsorption capacity (mg/g) | | | Reference |
|---|---|---|---|---|
| | cobalt(II) | copper(II) | manganese(II) | |
| Grape stalk wastes | - | 10.10 | - | (Villaescusa et al., 2004) |
| Grape stalk wastes | - | 38.00 | - | (Florido et al., 2010) |
| Rose waste | - | 68.96 | - | (Iftikhar et al., 2009) |
| *Moringa oleifera* leaves | - | 151.30 | - | (Reddy et al., 2012) |
| Peanut shell | - | 25.39 | - | (Witek-Krowiak et al., 2011) |
| Sunflower | 11.68 | - | - | (Oguz and Ersoy, 2014) |
| *Penicillium italicum* | 7.50 | 7.14 | 11.40 | (Mendil et al., 2008) |
| Green tomato husk | - | - | 15.22 | (García-Mendieta et al., 2012) |
| Grape residue | 68.03 | 204.08 | 28.82 | *This study* |

A Fig. 12 mostra os ajustes não lineares dos dados de equilíbrio a 20 °C para MB, RhB e MO. Pode ver-se na Fig. 12 que os dados experimentais foram bem ajustados ao modelo de isotérmica de Freundlich por procedimento não linear para cada corante, indicando que a sorção de corantes ocorre em superfícies heterogéneas.

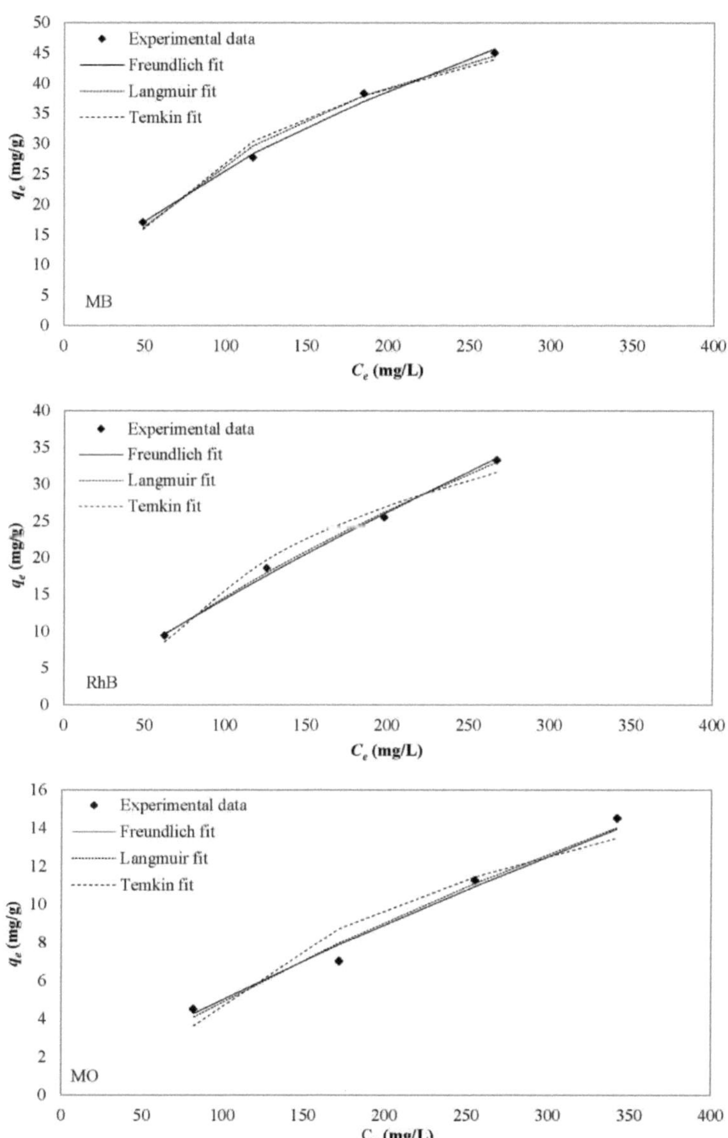


**Figura 12.** Ajuste dos modelos de isoterma de Langmuir, Freundlich e Temkin por procedimento não linear para a sorção de MB, RhB e MO em resíduos de uva

O quadro 5 apresenta os parâmetros das isotérmicas dos modelos de Langmuir, Freundlich e Temkin. É evidente no quadro 5 que a isotérmica de Freundlich apresentou a melhor correlação com valores de $R^2$ de 0,997, 0,996 e 0,969 para o MB, o RhB e o MO, respetivamente. Além disso, foram obtidos valores de RL para a sorção de MB, RhB e MO no resíduo de uva de 0,384, 0,608 e 0,918, respetivamente. Os valores de RL entre 0 e 1 expressam uma biossorção adequada.

**Table 5.** Constantes de isotérmica da sorção de MB, RhB e MO em resíduos de uva

| Isotherm model | Parameter | MB | RhB | MO |
|---|---|---|---|---|
| Langmuir | $q_m$ (mg/g) | 89.30 | 90.91 | 59.88 |
| | $K_L$ (L/mg) | 0.0160 | 0.0006 | 0.0009 |
| | $R^2$ | 0.956 | 0.934 | 0.841 |
| | $R_L$ | 0.384 | 0.608 | 0.918 |
| Freundlich | $K_F$ ((mg/g)(L/mg)$^{1/n}$) | 1.755 | 1.778 | 0.111 |
| | n | 1.712 | 1.560 | 1.208 |
| | $R^2$ | 0.997 | 0.996 | 0.976 |
| Temkin | $K_T$ (L/mg) | 0.053 | 0.028 | 0.0207 |
| | B | 16.58 | 15.84 | 6.880 |
| | $R^2$ | 0.978 | 0.979 | 0.918 |

A capacidade máxima de adsorção em monocamada dos resíduos de engaço de uva foi de 89,30 mg/g para o MB, 90,91 mg/g para o RhB e 59,88 para o MO. As capacidades de adsorção de Langmuir do MB, do RhB e do MO foram comparadas com outros estudos relatados na literatura e apresentadas no Quadro 6. Os dados experimentais do presente estudo são comparáveis com outros materiais biossorventes e foram considerados superiores a alguns dos estudos registados.

**Table 6.** Comparação das capacidades de sorção de Langmuir com outros materiais de biomassa registados

| Sorbent type | Adsorption capacity (mg/g) | | | Reference |
|---|---|---|---|---|
| | MB | RhB | MO | |
| **Phonix tree's leaves** | 80.90 | - | - | (Han et al., 2007) |
| Lotus leaf | 221.70 | - | - | (Han et al., 2011) |
| Prunus dulcis | - | 32.60 | - | (Senturk et al., 2010) |
| Baker yeast | 52.60 | 25.00 | - | (Yu et al., 2009) |
| Sugar beet pulp | 714.29 | - | - | (Vucurovic et al., 2012) |
| *Scolymus hispanicus* L. | 263.92 | - | - | (Barka et al., 2011) |
| Almond shell | - | - | 40.65 | (Deniz, 2013) |
| *Cupressus sempervirens* | 217.50 | 239.51 | - | (Fernandez et al., 2012) |
| *A. filiculoides* | - | - | 833.33 | (Tan et al., 2011) |
| Rice husk | 4.41 | - | - | (Han et al., 2007) |
| Grape residue | 89.30 | 90.91 | 59.88 | *This study* |

## 3.5. Cinética de biossorção

O equilíbrio da sorção e a cinética de sorção são dois factores físico-químicos importantes a considerar ao avaliar um processo de sorção. A cinética de sorção pode explicar a dependência das taxas de sorção em relação às concentrações de sorbato em solução e a forma como as taxas de sorção são afectadas pela capacidade de sorção ou pelo carácter do sorvente (Akar et al., 2009). A cinética da sorção de iões metálicos e de corantes é um parâmetro importante para a conceção de sistemas de sorção e é necessária para selecionar os melhores

condições de funcionamento para um processo descontínuo à escala real (Shroff e Vaidya, 2011). A fim de examinar o mecanismo de controlo do processo de biossorção, como a transferência de massa e/ou a reação química, foram utilizados modelos cinéticos de pseudo-primeira e pseudo-segunda ordem.

A equação de taxa não linear pseudo de primeira ordem de Lagergren baseada na capacidade sólida (Lagergren, 1898; Febrianto et al., 2009) é expressa da seguinte forma

$$q_t = q_e(1 - \exp(-k_1 t)) \qquad (8)$$

em que k1 é a constante de velocidade de pseudo-primeira ordem (1/min).

O modelo de pseudo-segunda ordem prevê o comportamento em toda a gama de adsorção e está de acordo com um mecanismo de adsorção que é o passo de controlo da taxa, em comparação com o modelo de pseudo-primeira ordem. A equação cinética não linear de pseudo-segunda ordem (Ho e Mckay, 1999; Ho et al., 2000) é expressa da seguinte forma

$$q_t = \frac{q_e^2 k_2 t}{1 + q_e k_2 t} \qquad (9)$$

em que k2 é a constante de velocidade de pseudo-primeira ordem (g/mg min).

A Fig. 13 mostra os ajustes não lineares dos modelos cinéticos de pseudo-primeira ordem e pseudo-segunda ordem para a biossorção de cobalto(II), cobre(II) e manganês(II) em resíduos de uva a 20 °C. É óbvio, a partir da Fig. 13, que o modelo cinético de pseudo-segunda ordem se ajusta melhor aos dados experimentais do que o modelo cinético de pseudo-primeira ordem.

Os parâmetros cinéticos obtidos a partir dos modelos de pseudo-primeira ordem e pseudo-segunda ordem são apresentados no Quadro 7. A aplicabilidade dos modelos cinéticos ao estudo da biossorção foi comparada através da avaliação dos coeficientes de correlação, valores $R^2$ . Pode ver-se na Tabela 7 que os coeficientes de correlação para o modelo cinético de pseudo-segunda ordem foram superiores aos do modelo cinético de primeira ordem para cada ião metálico. Tendo em conta estas considerações, o modelo de pseudo-segunda ordem foi adequado para descrever a biossorção de cobalto(II), cobre(II) e manganês(II) em resíduos de uva, indicando que a taxa global de biossorção de cada ião metálico é controlada pelo processo de quimissorção.

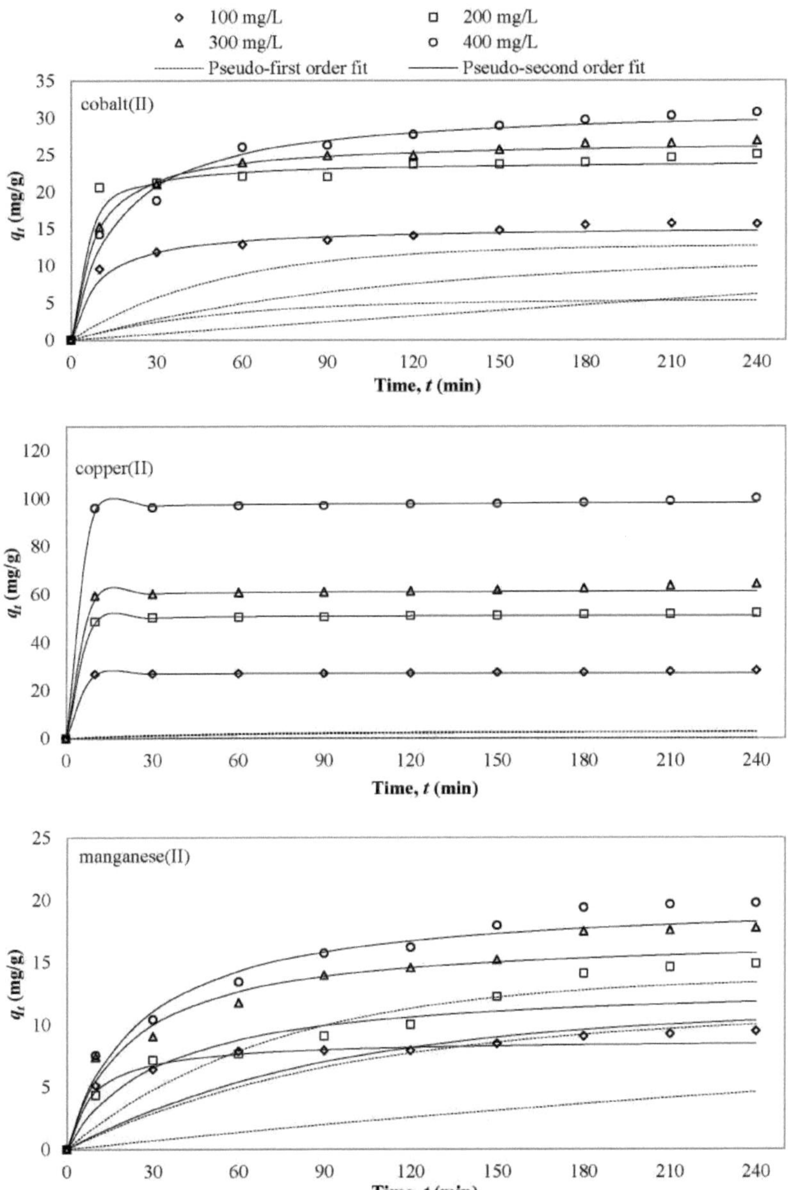


**Figura 13.** Ajuste de modelos cinéticos de pseudo-primeira e pseudo-segunda ordem por procedimento não linear para a sorção de cobalto(II), cobre(II) e manganês(II) em resíduos de uva

**Tabela 7.** Parâmetros cinéticos da sorção de cobalto(II), cobre(II) e manganês(II) em resíduos de uva

| Kinetic model | Parameter | cobalt(II) | copper(II) | manganese(II) |
|---|---|---|---|---|
| Pseudo-first order | $k_1$ (1/min) | 0.026 | 0.001 | 0.020 |
| | $q_e$ (mg/g) | 12.69 | 0.845 | 12.79 |
| | $R^2$ | 0.938 | 0.950 | 0.904 |
| Pseudo-second order | $k_2$ (g/mg min) | 0.004 | 0.097 | 0.012 |
| | $q_e$ (mg/g) | 19.68 | 27.10 | 8.78 |
| | $R^2$ | 0.997 | 0.999 | 0.996 |

A Fig. 14 mostra os ajustes não lineares dos modelos cinéticos de pseudo-primeira ordem e pseudo-segunda ordem para a biossorção de MB, RhB e MO em resíduos de uva a 20 °C. Pode ver-se na Fig. 14 que o modelo cinético de pseudo-segunda ordem se ajusta melhor aos dados experimentais do que o modelo cinético de pseudo-primeira ordem.

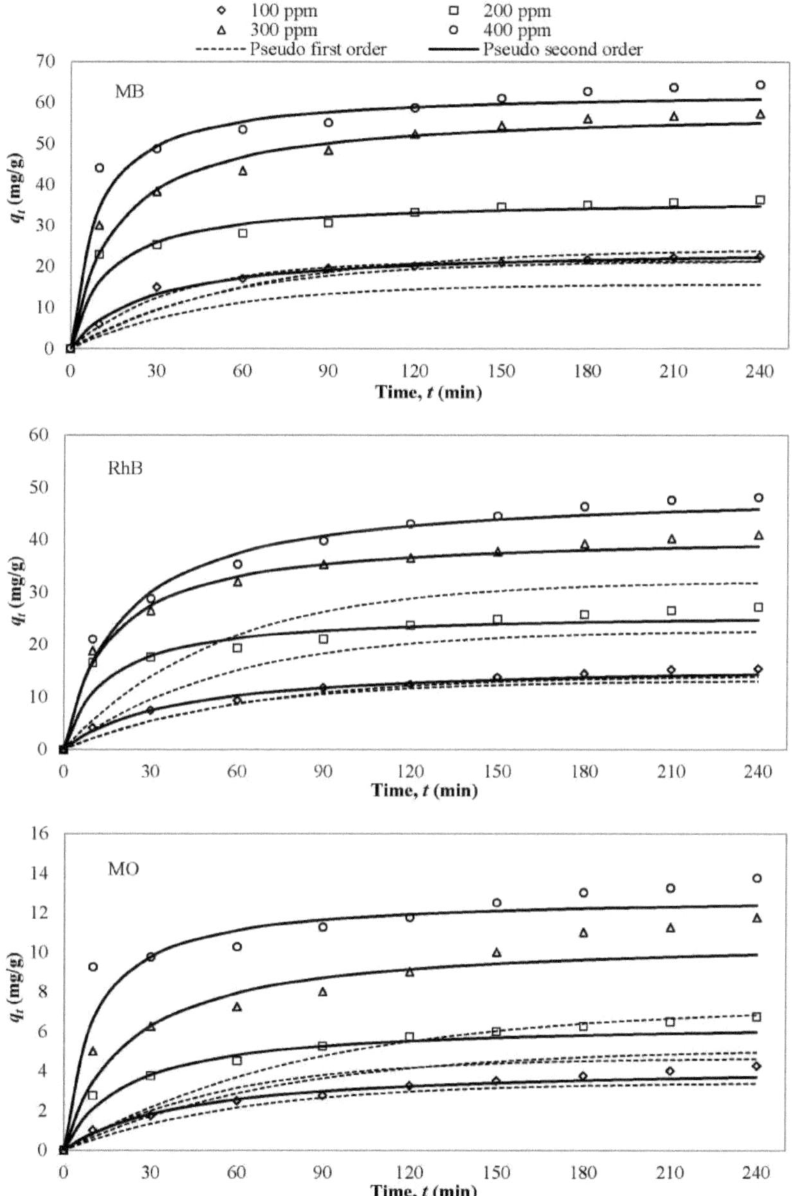


**Figura 14.** Ajuste dos modelos cinéticos de pseudo-primeira ordem e pseudo-segunda ordem por procedimento não linear para a sorção de MB, RhB e MO em resíduos de uva

Além disso, os parâmetros correspondentes e os coeficientes de correlação para os modelos são apresentados no Quadro 8. A aplicabilidade dos modelos cinéticos ao estudo da biossorção foi comparada através da avaliação dos coeficientes de correlação, valores $R^2$. Pode ver-se na Tabela 8 que os coeficientes de correlação para o modelo cinético de pseudo-segunda ordem (0,995, 0,987, 0,985) foram superiores aos do modelo cinético de primeira ordem (0,976, 0,958, 0,977) para cada corante.

**Quadro 8.** Parâmetros cinéticos da sorção de MB, RhB e MO em resíduos de uva

| Kinetic model | Parameter | MB | RhB | MO |
|---|---|---|---|---|
| **Pseudo-first order** | $k_1$ (1/min) | 0.021 | 0.018 | 0.016 |
| | $q_e$ (mg/g) | 15.75 | 13.13 | 3.431 |
| | $R^2$ | 0.976 | 0.958 | 0.977 |
| **Pseudo-second order** | $k_2$(g/mg min) | 0.002 | 0.002 | 0.006 |
| | $q_e$ (mg/g) | 24.63 | 16.47 | 4.327 |
| | $R^2$ | 0.995 | 0.987 | 0.985 |

Tendo em conta estas considerações, o modelo de pseudo-segunda ordem foi mais adequado para descrever a biossorção de MB, RhB e MO no resíduo de uva. Um melhor ajuste ao modelo de pseudo-segunda ordem sugere que a taxa de biossorção depende mais da disponibilidade de sítios de biossorção do que da concentração das soluções de corante (Salman et al., 2011).

## 3.6 Termodinâmica da biossorção

A dependência da temperatura do processo de biossorção está associada a vários parâmetros termodinâmicos. A consideração termodinâmica de um processo de biossorção é necessária para concluir se o processo é espontâneo ou não. A variação da energia livre de Gibbs é uma indicação da espontaneidade de uma reação química e, por conseguinte, é um critério importante para a espontaneidade (Chowdhury e Saha, 2011). A variação da energia livre de Gibbs da reação de biossorção pode ser determinada a partir da seguinte equação:

$$\Delta G^{\circ} = -RT \ln K_L \qquad (10)$$

em que T é a temperatura absoluta (K), R é a constante dos gases (8,314 J/mol K) e $K_L$ é a constante de equilíbrio de Langmuir. A relação entre ΔG , $\Delta H^{OO}$ e $\Delta S^0$ pode ser demonstrada pela seguinte equação:

$$\Delta G^{o} = \Delta H^{o} - T\Delta S^{o} \qquad (11)$$

A constante de equilíbrio pode ser expressa em termos de mudança de entalpia de biossorção (ΔH°) e mudança de entropia de biossorção (ΔS°) como funções da temperatura, seguindo a equação de van't Hoff (Blazquez et al., 2011):

$$\ln K_L = -\frac{\Delta G^{\circ}}{RT} - \frac{\Delta H^{\circ}}{RT} + \frac{\Delta S^{\circ}}{R} \qquad (12)$$

Os valores calculados da variação da energia livre de Gibbs (ΔG°), da entalpia (ΔH°) e da entropia (ΔS°) são apresentados no quadro 9 e no quadro 10 para os metais pesados e os corantes, respetivamente.

**Quadro 9.** Parâmetros termodinâmicos da sorção de cobalto(II), cobre(II) e manganês(II) em resíduos de uva

| Metal ion | T (°C) | ΔG° (kJ/mol) | ΔH° (kJ/mol) | ΔS° (J/mol) | $R^2$ |
|---|---|---|---|---|---|
| **Co(II)** | 20 | -14.11 | -11.56 | 87.44 | 0.9867 |
| | 30 | -14.85 | | | |
| | 40 | -15.81 | | | |
| | 50 | -16.70 | | | |
| **Cu(II)** | 20 | -14.60 | -9.97 | 83.93 | 0.9795 |
| | 30 | -15.53 | | | |
| | 40 | -16.22 | | | |
| | 50 | -17.16 | | | |
| **Mn(II)** | 20 | -14.00 | 18.21 | 109.63 | 0.9817 |
| | 30 | -14.87 | | | |
| | 40 | -16.08 | | | |
| | 50 | -17.27 | | | |

**Quadro 10.** Parâmetros termodinâmicos da sorção de MB, RhB e MO em resíduos de uva

| **Dye** | **T (°C)** | **ΔG° (kJ/mol)** | **ΔH° (kJ/mol)** | **ΔS° (J/mol K)** | **$R^2$** |
|---|---|---|---|---|---|
| **MB** | 20 | -18.29 | 27.87 | 156.70 | 0.943 |
| | 30 | -19.25 | | | |
| | 40 | -21.08 | | | |
| | 50 | -22.94 | | | |
| **RhB** | 20 | -15.63 | 41.53 | 194.95 | 0.992 |
| | 30 | -17.60 | | | |
| | 40 | -19.27 | | | |
| | 50 | -21.58 | | | |
| **MO** | 20 | -9.71 | 43.19 | 179.48 | 0.941 |
| | 30 | -10.95 | | | |
| | 40 | -12.47 | | | |
| | 50 | -15.24 | | | |

Os valores negativos de AG° indicam que a biossorção de cobalto(II), cobre(II), manganês(II), MB, RhB e MO no resíduo de uva é termodinamicamente viável e espontânea. Os valores negativos de AH° expressam que o processo de biossorção dos iões cobalto(II) e cobre(II) foi exotérmico. Isto também é apoiado pela diminuição do valor da quantidade de absorção do resíduo de uva com o aumento da temperatura. No entanto, o valor positivo de AH° indica que a natureza do processo de biossorção é endotérmica para o ião manganês(II). Além disso, os valores positivos de AH° indicam que a natureza do processo de biossorção é endotérmica para cada corante. Este valor positivo pode ser explicado pelo aumento do valor da capacidade de biossorção do biossorvente com o aumento da temperatura. O valor positivo de AS mostra o aumento da aleatoriedade na interface adsorvente/solução durante a biossorção de cobalto(II), cobre(II), manganês(II), MB, RhB e MO em resíduos de uva.

## 3.7. Análise FT-IR

Os espectros FT-IR desempenham um papel importante na análise de grupos funcionais orgânicos e no mecanismo de iões de metais pesados e corantes absorvidos pelo adsorvente (Zhang et al., 2010). Os espectros FT-IR da biomassa bruta foram comparados com os espectros da biomassa carregada com iões metálicos e corantes para determinar as diferenças dos grupos funcionais antes e depois do processo de sorção (Singh et al., 2010).

A Fig. 15 e a Fig. 16 mostram os espectros FT-IR das amostras de resíduos de uva em bruto e carregadas com metal e das amostras de resíduos de uva carregadas com corante, respetivamente.

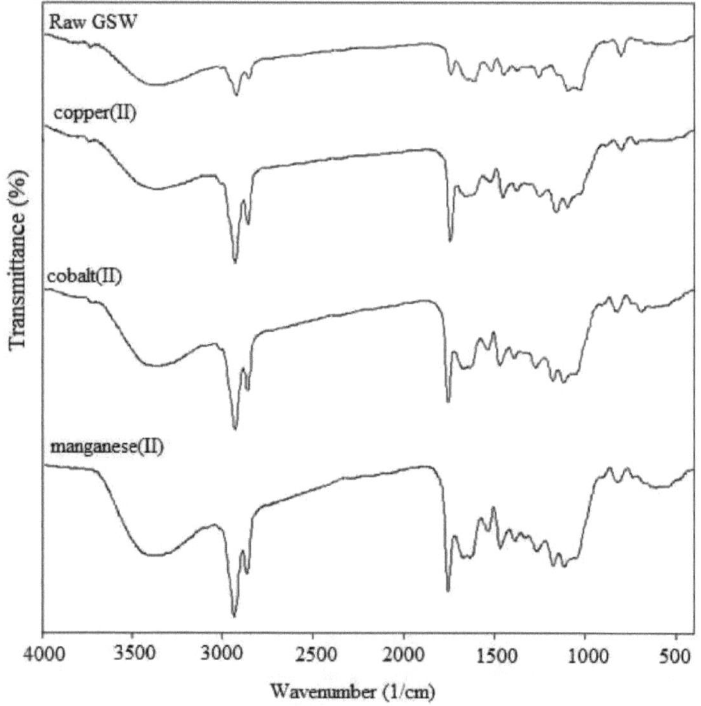


**Figura 15.** Espectros FT-IR de amostras de resíduos de uva em bruto e com carga metálica

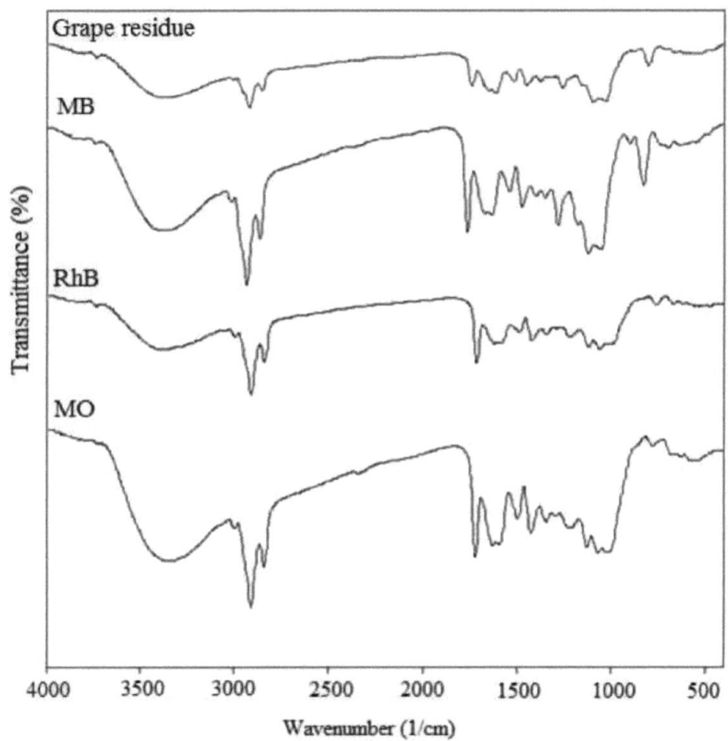


**Figura 16.** Espectros de FT-IR de amostras de resíduos de uva em bruto e carregadas com corante

O espetro FT-IR do resíduo de uva mostra um pico de absorção a 3350-3400 $cm^{-1}$ correspondente às vibrações de estiramento O-H que indicam a presença de fenóis e álcoois na biomassa. Um pico a 2850-2900 $cm^{-1}$ representa o grupo C-H e o pico na gama de 1650-1750 $cm^{-1}$ representa as vibrações de C=C. Além disso, o pico a 1075 $cm^{-1}$ mostra a vibração de estiramento C-O (Singh et al., 2010; Kumar e Min, 2011). Observa-se que este pico de absorção da banda C-O se desloca quando o resíduo de uva é carregado com ião metálico. Além disso, foram observados picos aumentados e deslocados a 3350-3400, 2850-2900, 1650-1750 nas amostras de biossorvente carregadas com metal e corante quando comparadas com o resíduo de uva em bruto, indicando o envolvimento destes grupos funcionais no processo de biossorção. Resultados semelhantes foram registados por vários autores (Villaescusa et al., 2004; Florido et al., 2010).

# CAPÍTULO 4

## CONCLUSÕES

Foram efectuados estudos de biossorção de equilíbrio em lotes para a remoção de iões cobalto(II), cobre(II), manganês(II) e corantes MB, RhB e MO de soluções aquosas, utilizando resíduos de uva como precursor biossorvente. Foram estudados os efeitos do pH da solução, da dosagem do biossorvente, da concentração inicial do metal e do corante, do tempo de contacto e da temperatura da solução e foram investigadas as isotérmicas de equilíbrio, a cinética e a termodinâmica com os dados obtidos. A isotérmica de Freundlich fornece a melhor correlação para a biossorção de cobalto(II) e cobre(II) e a isotérmica de Langmuir fornece melhores resultados para o ião manganês(II). Os estudos cinéticos mostraram que os dados estão em perfeita conformidade com o modelo de pseudo-segunda ordem para cada ião metálico. O modelo de isotérmica de Freundlich fornece a melhor correlação e os estudos cinéticos mostraram que os dados estão em perfeita conformidade com o modelo de pseudo-segunda ordem para cada corante. Os cálculos termodinâmicos mostraram uma biossorção viável e espontânea para os iões cobalto(II), cobre(II) e manganês(II). A remoção de iões cobalto(II) e cobre(II) mostrou uma biossorção exotérmica, enquanto a remoção de iões manganês(II) mostrou uma biossorção endotérmica. Além disso, os parâmetros termodinâmicos mostraram que a biossorção de MB, RhB e MO no resíduo de uva foi espontânea e endotérmica. De acordo com os resultados experimentais, o resíduo de uva parece ser um precursor biossorvente eficaz e alternativo para a remoção de iões de metais pesados e corantes de soluções aquosas em termos de disponibilidade natural e abundante, elevada capacidade de biossorção e baixo custo.

# CAPÍTULO 5

## REFERÊNCIAS


Abdallah, R., Taha, S., 2012. Biossorção de azul de metileno de solução aquosa por Aspergillus fumigatus não viável. Chem. Eng. J. 195-196, 69-76.

Akar, S.T., Gorgulu, A., Kaynak, Z., Anilan, B., Akar, T., 2009. Biossorção do corante Reactive Blue 49 em modo descontínuo e contínuo utilizando um biossorvente misto de macrofungos Agaricus bisporus e cones de Thuja orientalis. Chem. Eng. J. 148, 26-34.

Aksakal, O., Ucun, H., 2010. Estudos de equilíbrio, cinética e termodinâmica da biossorção de corantes têxteis. J. Hazard. Mater. 181(1-3), 666-672.

Aloma, I., Martin-Lara, M.A., Rodriguez, I.L., Blazquez, G., Calero, M., 2012. Remoção de iões de níquel (II) de soluções aquosas por biossorção em bagaço de cana-de-açúcar. J. Taiwan. Inst. Chem. E. 43, 275-281.

Barka, N., Abdennouri, M., Makhfouk, M.E., 2011. Remoção de Azul de Metileno, e Eriocromo Preto T de soluções aquosas por biossorção em Scolymus hispanicus L.: Cinética, equilíbrio e termodinâmica. J. Taiwan Inst. Chem. Eng. 42(2), 320-326.

Belala, Z., Jeguirim, M., Belhachemi, M., Addoun, F., Trouve, G., 2011. Biossorção de corante básico de soluções aquosas por resíduos de tâmaras e palmeiras: Estudos cinéticos, de equilíbrio e termodinâmicos. Dessalinização 271(1-3), 80-87.

Blazquez, G., Martin-Lara, M.A., Tenorio, G., Calero, M., 2011. Biossorção em lote de chumbo (II) de soluções aquosas por resíduos de poda de oliveira: Equilíbrio, cinética e estudo termodinâmico. Chem. Eng. J. 168, 170-177.

Chand, R., Narimura, K., Kawakita, H., Ohto, K., Watari, T., Inoue, K., 2009. Resíduos de uva como biossorvente para a remoção de Cr(VI) de uma solução aquosa. J. Hazard. Mater. 163, 245-250.

Chowdhury, S., Saha, P.D., 2011. Cinética de biossorção, termodinâmica e calor isostérico de sorção de Cu (II) em pó de sementes de Tamarindus indica. Colloids Surf. B. 88, 697-705.

Daneshvar, E., Kousha, M., Sohrabi, M.S., Khataee, A., Converti, A., 2012. Biossorção de três corantes ácidos pela macroalga castanha Stoechospermum marginatum: estudos isotérmicos, cinéticos e termodinâmicos. Chem. Eng. J. 195196, 297-306.

Das, S.K., Ghosh, P., Ghosh, I., Guha, A.K., 2008. Adsorção de Rodamina B em Rhizopus oryzae: Papel dos grupos funcionais e dos componentes da parede celular. Colloids Surf, B. 65(1), 30-34.

Deniz, F., 2013. Remoção de corante por resíduos de casca de amêndoa: Estudos sobre o desempenho da biossorção e o design do processo. Mater. Sci. Eng. 33, 2821-2826.

Dogan, M., Ozdemir, Y., Alkan, M., 2007. Cinética e mecanismo de adsorção de corantes catiónicos violeta de metilo e azul de metileno em sepiolite. Dyes Pigm. 75(3), 701-713.

Dogar, *Q.*, Gurses, A., A^ikyildiz, M., Ozkan, E., 2010. Estudos termodinâmicos e cinéticos da biossorção de um corante básico de uma solução aquosa utilizando algas verdes Ulothrix sp. Colloids Surf, B. 76 (1), 279-285.

El-Guendi, M., 1991. Modelo de difusão superficial homogénea de corantes básicos em argila natural em adsorventes descontínuos. Adsorpt. Sci. Technol. 8, 217-225.

Escudero, C., Fiol, N., Poch, J., Villaescusa, I., 2009. Modelação da cinética de sorção de Cr(VI) em resíduos de engaço de uva num reator descontínuo agitado. J. Hazard. Mater. 170, 286-291.

Escudero, C., Poch, J., Villaescusa, I., 2013. Modelagem de curvas de rutura de misturas simples e binárias de sorção de Cu (II), Cd (II), Ni (II) e Pb (II) em resíduos de talos de uva. Chem. Eng. J. 217, 129-138.

Febrianto, J., Kosasih, A.N., Sunarso, J., Ju, Y.H., Indraswati, N., Ismadji, S., 2009. Estudos de equilíbrio e cinética na adsorção de metais pesados utilizando biossorventes: Um resumo de estudos recentes. J. Hazard. Mater. 162, 616-645.

Fernandez, M.E., Nunell, G.V., Bonelli, P.R., Cukierman, A.L., 2012. Biossorção em lote e dinâmica de corantes básicos de soluções binárias por chips de cone de cipreste tratados com alcalina. Bioresour. Technol. 106, 55-62.

Florido, A., Valderrama, C., Arevalo, J.A., Casas, I., Martinez, M., Miralles, N., 2010.

Aplicação do modelo de sorção de não-equilíbrio de dois locais para a remoção de Cu(II) em resíduos de engaço de uva numa coluna de leito fixo. Chem. Eng. J. 156, 298304.

Foo, K. Y., Hameed, B. H., 2010. Insights sobre a modelagem de sistemas de isoterma de adsorção. Chem. Eng. J. 156, 2-10.

Freundlich, H.M.F., 1906. Sobre a adsorção em solução. J. Phys. Chem. 57, 385471.

Garcia-Mendieta, A., Olguin, M.T., Solache-Rios, M., 2012. Propriedades de biossorção da casca de tomate verde (Physalis philadelphica Lam) para ferro, manganês e ferro-manganês de sistemas aquosos. Desalination. 284, 167-174.

Gundogdu, A., Ozdes, D., Duran, C., Bulut, V.N., Soylak, M., Senturk, H.B., 2009. Biossorção de iões Pb(II) de uma solução aquosa por casca de pinheiro (Pinus brutia Ten.). Chem. Eng. J. 153, 62-69.

Gupta, N., Kushwaha, A.K., Chattopadhyaya, M.C., 2012. Estudos de adsorção de corantes catiónicos em pó de folhas de Ashoka (Saraca asoca). J. Taiwan Inst. Chem. Eng. 43(4), 604-613.

Hameed, B.H., Rahman, A.A., 2008. Remoção de fenol de soluções aquosas por adsorção em carvão ativado preparado a partir de material de biomassa. J. Hazard. Mater. 160, 576-581.

Han, R., Zou, W., Yu, W., Cheng, S., Wang, Y., Shi, J., 2007. Biossorção de azul de metileno de uma solução aquosa por folhas caídas da árvore fénix. J. Hazard. Mater. 141(1), 156-162.

Han, R., Li, H., Li, Y,. Zhang, J., Xiao, H., Shi, J., 2006. Biosorção de iões de cobre e chumbo por resíduos de levedura de cerveja. J. Hazard. Mater. 137, 1569-1576.

Han, X., Wang, W., Ma, X., 2011. Caraterísticas de adsorção de azul de metileno em material de biomassa de baixo custo folha de lótus. Chem. Eng. J.171, 1-8.

Haque, E., Jun, J.W., Jhung, S.H., 2011. Remoção por adsorção de alaranjado de metilo e azul de metileno de uma solução aquosa com um material de estrutura metal-orgânica, tereftalato de ferro (MOF-235). J. Hazard. Mater. 185(1), 507-511.

Hasan, H.A., Abdullah, S.R.S., Kofli, N.T., Kamarudin, S.T., 2012. Equilíbrio isotérmico da biossorção de Mn(II) no tratamento de água potável por espécies de

Bacillus isoladas localmente e lamas activadas de esgotos. J. Environ. Manage. 111, 34-43.

Ho, Y.S., McKay, G., 1999. Modelo de pseudo-segunda ordem para o processo de sorção. Process. Biochem. 34, 451-465.

Ho, Y.S., McKay, G., Wase, D.A.J., Foster, C.F., 2000. Estudo da sorção de iões metálicos divalentes na turfa. Adsorp. Sci. Tech. 18, 639-650.

Huang, Y.H., Hsueh, C.L., Cheng, H.P., Su, L.C., Chen, C.Y., 2007. Termodinâmica e cinética da adsorção de Cu(II) em resíduos de óxido de ferro. J. Hazard. Mater. 144, 406-411.

Iftikhar, A.R., Bhatti, H.N., Hanif, M.A., Nadeem, R., 2009. Aspectos cinéticos e termodinâmicos da remoção de Cu(II) e Cr(III) de soluções aquosas utilizando biomassa de resíduos de rosas. J. Hazard. Mater. 161, 941-947.

Kill?, M., Varol, E.A., Putiin, A.E., 2011. Remoção por adsorção de fenol de soluções aquosas em carvão ativado preparado a partir de resíduos de tabaco: Equilíbrio, cinética e termodinâmica. J. Hazard. Mater. 189(1-2), 397-403.

Kumar, N.S., Min, K., 2011. Biossorção de compostos fenólicos no fungo Schizophyllum commune: Análise FTIR, cinética e modelação de isotérmicas de adsorção. Chem. Eng. J. 168, 562-571.

Lagergren, S., 1898. Zur theorie der sogenannten adsorption geloster stoffe, Kungliga Svenska Vetenskapsakademiens. Handlingar 24, 1-39.

Langmuir, I., 1916. A constituição e propriedades fundamentais de sólidos e líquidos. J. Am. Chem. Soc. 38, 2221-2295.

Langmuir, I., 1918. A adsorção de gases em superfícies planas de vidro, mica e platina. J. Am. Chem. Soc. 40, 1361-1403.

Manohar, D.M., Noeline, B.F., Anirudhan, T.S., 2006. Desempenho de adsorção da argila bentonítica com pilares de Al para a remoção de cobalto (II) da fase aquosa. Appl.
Argila. Sci. 31, 194-206.

Martinez, M., Miralles, N., Hidalgo, S., Fiol, N., Villaescusa, I., Poch, J., 2006. Remoção de chumbo(II) e cádmio(II) de soluções aquosas utilizando resíduos de engaço de uva. J. Hazard. Mater. 133, 203-211.

Mendil, D., Tuzen, M., Soylak, M., 2008. Um sistema de biossorção de iões metálicos em *Penicillium italicum* - carregado em Sepabeads SP 70 antes das determinações por espetrometria de absorção atómica com chama. J. Hazard. Mater. 152, 1171-1178.

Mezenner, N.Y., 2010. Cinética e mecanismo de biossorção de corante num resíduo de antibiótico não tratado. Dessalinização 262 (1-3), 251-259.

Montazer-Rahmati, M.M., Rabbani, P., Abdolali, A., Keshtkar, A.R., 2011. Estudos cinéticos e de equilíbrio sobre a biossorção de iões de cádmio, chumbo e níquel de soluções aquosas por algas castanhas intactas e quimicamente modificadas. J. Hazard. Mater. 185, 401-407.

Ning-chuan, F., Xue-yi, G., Sha, L., 2009. Estudos cinéticos e termodinâmicos sobre a biossorção de Cu(II) por casca de laranja quimicamente modificada. Trans. Nonferrous. Met. Soc. China. 19, 1365-1370.

Oguz, E., Ersoy, M., 2014. Biossorção de cobalto (II) com biomassa de girassol a partir de soluções aquosas em uma coluna de leito fixo e modelagem de redes neurais. Ecotox. Environ. Safe. 99, 54-60.

Olgun, A., Atar, N., 2011. Remoção de cobre e cobalto de uma solução aquosa em resíduos contendo impurezas de boro. Chem. Eng. J. 167, 140-147.

Ornek, A., Ozacar, M., Sengil, A., 2007. Adsorção de chumbo em resíduos de bolota tratados com formaldeído ou ácido sulfúrico: Estudos de equilíbrio e cinéticos. Biochem. Eng. J. 37, 192-200.

Reddy, D.H.K., Seshaiah, K., Reddy, A.V.R., Lee, S.M., 2012. Otimização da biossorção de Cd(II), Cu(II) e Ni(II) por pó de folhas de *Moringa oleifera* quimicamente modificado. Carbohid. Polym. 88, 1077- 1086.

Saeed, A., Iqbal, M., Zafar, S.I., 2009. Imobilização de Trichoderma viride para aumentar a biossorção de azul de metileno: Estudos de lote e coluna. J. Hazard. Mater. 168(1), 406-415.

Salman, J.M., Njoku, V.O., Hameed, B.H., 2011. Adsorção de pesticidas de uma solução aquosa em carvão ativado de caule de banana. Chem. Eng. J. 174, 41-48.

Senturk, H.B., Ozdes, D., Duran, C., 2010. Biossorção de Rodamina 6G de soluções aquosas em casca de amêndoa (Prunus dulcis) como um biossorvente de baixo custo. Dessalinização 252(1-3), 81-87.

Shen, W., Chen, S., Shi, S., Li, X., Zhang, X., Hu, W., Wang, H., 2009. Adsorção de Cu(II) e Pb(II) em celulose bacteriana de dietilenotriamina, Carbohyd. Polym. 75, 110-114.

Shroff, K.A., Vaidya, V. K., 2011. Estudos cinéticos e de equilíbrio sobre a biossorção de níquel de uma solução aquosa por biomassa fúngica morta de Mucor hiemalis. Chem. Eng. J 171, 1234-1245.

Singh, R., Chadetrik, R., Kumar, R., Bishnoi, K., Bhatia, D., Kumar, A., Bishnoi, N.R., Singh, N., 2010. Biosorption optimization of lead(II), cadmium(II) and copper(II) using response surface methodology and applicability in isotherms and thermodynamics modeling. J. Hazard. Mater. 174, 623-634.

Soylak, M., Unsal, Y.E., Yilmaz, E., Tuzen, M., 2011. Determinação de rodamina B em amostras de refrigerantes, águas residuais e batom após extração em fase sólida. Food Chem. Toxicol. 49 (8), 1796-1799.

Subbaiah, M.V., Vijaya, Y., Reddy, A.S., Yuvaraja, G., Krishnaiah, A., 2011. Estudos de equilíbrio, cinéticos e termodinâmicos sobre a biossorção de Cu (II) na biomassa de *Trametes versicolor*. Dessalinização 276, 310-316.

Suhasini, I.P., Sriram, G., Asolekar, S.R., Sureshkumar, G.K., 1999. Remoção e recuperação biológica de cobalto de sistemas aquosos. Process. Biochem. 34, 239-247.

Sun, X.F., Wang, S.G., Liu, X.W., Gong, W., Bao, N., Gao, B.Y., 2008. Biossorção competitiva de zinco (II) e cobalto (II) em sistemas de metal único e binário por grânulos aeróbicos. J. Colloid. Interf. Sci. 324, 1-8.

Tan, I.A.W., Hameed, B.H., Ahmad, A.L., 2007. Estudos de equilíbrio e cinéticos sobre a adsorção de corantes básicos por carvão ativado com fibra de óleo de palma. Chem. Eng. J. 127, 111119.

Tan, C., Li, M., Lin, Y.M., Lu, X.Q., Chen, Z., 2011. Biossorção de laranja básico de solução aquosa em biomassa seca de A. filiculoides: Estudos de equilíbrio, cinética e FTIR. Desalination 266(1-3), 56-62.

Temkin, M.J., Phyzev, V., 1940. Recent modifications to Langmuir Isotherms. Ata. Phys. Chim., USSR 12, 217-222.

Temkin, M.J., Phyzev, V., 1940. Cinética da síntese de amoníaco em catalisadores de ferro promovidos. Ata. Phys. Chim, USSR 12, 327-356.

Valderrama, C., Arevalo, J.A., Casas, I., Martinez, M., Miralles, N., Florido, A., 2010. Modelação da remoção de Ni(II) de soluções aquosas em resíduos de engaço de uva em coluna de leito fixo. J. Hazard. Mater. 174, 144-150.

Villaescusa, I., Fiol, N., Martinez, M., Miralles, N., Poch, J., Serarols, J., 2004. Remoção de iões de cobre e níquel de soluções aquosas por resíduos de engaço de uva. Water Res. 38, 992-1002.

Witek-Krowiak, A., Szafran, R.G., Modelski, S., 2011. Biossorção de metais pesados de soluções aquosas em casca de amendoim como um biossorvente de baixo custo. Desalination. 265, 126-134.

Vucurovic, V.M., Razmovski, R.N., Tekic, M.N., 2012. Adsorção de azul de metileno (corante catiónico) em polpa de beterraba sacarina: Isoterma de equilíbrio e estudos cinéticos. J. Taiwan Inst. Chem. Eng. 43(1), 108-111.

Yin, H., He, B., Peng, H., Ye, J., Yang, F., Zhang, N., 2008. Remoção de Cr(VI) e Ni(II) de uma solução aquosa por levedura fundida: Estudo da libertação de catiões e do mecanismo de biossorção. J. Hazard. Mater. 158, 568-576.

Yu, J., Li, B., Sun, X., Jun, Y., Chi, R., 2009. Adsorção de azul de metileno e rodamina B em levedura de padeiro e regeneração fotocatalítica do biossorvente. Bio. Chem. Eng. J. 45 (2), 145-151.

Zhang, Y., Liu, W., Xu, M., Zheng, F., Zhao, M., 2010. Estudo dos mecanismos de biossorção de $Cu^{2+}$ por biomassa de levedura de padeiro tratada com etanol/caústico. J. Hazard.
Mater. 178, 1085-1093.

Zhao, X., Zhang, G., Jia, Q., Zhao, C., Zhou, W., Li, W., 2011. Adsorção de Cu(II), Pb(II), Co(II), Ni(II) e Cd(II) de uma solução aquosa por poli (aril éter cetona) contendo grupos carboxilo pendentes (PEK-L): Equilíbrio, cinética e termodinâmica. Chem. Eng. J. 171, 152-158.

Printed by Books on Demand GmbH, Norderstedt / Germany